WULI HUAXUE SHIYAN JIANGYI

物理化学实验讲义

李英玲　穆筱梅　主编

西北工业大学出版社

【内容简介】 本书依据物理化学实验教学大纲要求,共选编了 14 个物理化学实验,注重实验内容的系统性,以及实验形式的多样性,内容包括物质热力学性质的测定、电解质溶液性质和电化学性质的测定、化学反应动力学性质的测定以及界面与胶体性质的测定等。

本书适用于化学工程与工艺、应用化学、高分子材料与工程、材料化学、环境工程、环境科学、食品科学与工程、生物工程等专业物理化学实验课程教学。

图书在版编目(CIP)数据

物理化学实验讲义/李英玲,穆筱梅 主编. 西安:西北工业大学出版社,2017.4(2021.9重印)

ISBN 978 - 7 - 5612 - 5287 - 1

Ⅰ. 物⋯ Ⅱ.①李⋯ ②穆⋯ Ⅲ.①物理化学-化学实验-高等学校-教材 Ⅳ.①G064 - 33

中国版本图书馆 CIP 数据核字(2017)第 076862 号

策划编辑: 李 毅
责任编辑: 张珊珊

出版发行: 西北工业大学出版社
通信地址: 西安市友谊西路 127 号 **邮编:** 710072
电 话: (029)88493844 88491757
网 址: www.nwpup.com
印 刷: 西安真色彩设计印务有限公司
开 本: 787 mm×1 092 mm 1/16
印 张: 5.125
字 数: 82 千字
版 次: 2017 年 4 月第 1 版 2021 年 9 月第 2 次印刷
定 价: 16.80 元

前　　言

　　物理化学实验是化学、化工及其相关专业开设的一门重要基础实验课,通过实验课学生能够系统掌握基本的物理化学实验研究方法和基本技术,掌握物理化学实验的基本知识和方法,训练使用仪器的操作技能,培养观察现象、正确记录和处理数据的能力、实践能力,加深对物理化学原理的理解,培养实验研究能力和创新精神。

　　本书是笔者依据物理化学实验教学大纲要求,根据仲恺农业工程学院基础实验示范中心多年来使用的自编讲义以及多年教学实践经验,编写的一本适合本校实际教学情况的实验教材,内容包括物质热力学性质的测定、电解质溶液性质和电化学性质的测定、化学反应动力学性质的测定以及界面与胶体性质的测定等。本书适用于化学工程与工艺、应用化学、高分子材料与工程、材料化学、环境工程、环境科学、食品科学与工程、生物工程等专业物理化学实验课程教学。

　　参与本书编写人员有李英玲(实验一～实验八),穆筱梅(实验九～实验十四),全书由李英玲统稿。

　　在本书的编写过程中得到了仲恺农业工程学院化学化工学院有关教师的帮助和支持,在此表示衷心的感谢! 在本书的编写过程中,参阅了国内外有关院校所编的同类教材,在此特致谢意。

　　由于水平有限、编写时间仓促,书中不足之处难以避免,恳请读者批评指正。

编　者

2016 年 12 月

实　验　须　知

一、物理化学实验的目的

（1）了解物理化学实验的基本实验方法和实验技术，学会基本仪器的使用方法，培养动手能力。

（2）通过实验操作、现象观察和数据处理，锻炼分析问题、解决问题的能力。

（3）加深对物理化学基本原理的理解，提供理论联系实际和理论应用于实践的机会。

（4）培养勤奋学习，求真，求实，勤俭节约的优良品德和科学精神。

二、物理化学实验课的基本要求

学生在进实验室之前必须仔细阅读实验教材中有关的实验及基础知识，明确本次实验中要求测定哪些物理量，最终求算的物理量是什么，所用实验方法及仪器，控制什么实验条件，在此基础上，将实验目的，操作步骤、记录表和实验注意事项写在预习笔记本上。进入实验室后不要急于动手做实验，首先要检查仪器是否完好，发现问题及时向指导教师提出，然后对照仪器进一步预习，并接受教师的提问、讲解，在教师指导下做好实验准备工作。

三、实验操作及注意事项

经指导教师同意方可接通仪器电源进行实验。仪器的使用要严格按照规定的操作规程进行，不可盲动；对于实验操作步骤，通过预习应心中有数，严禁"抓中药"式的操作——看一下书，动一动手。实验过程中要仔细观察实验现象，发现异常现象应仔细查明原因，或请教指导教师帮助分析处理。实验结果必须经教师检查，数据不合格的应及时返工重做，直至获得满意结果，实验数据应随时记录，记录数据要实事求是，详细准确，且注意整洁清楚，不得任意涂改，尽量采用表格形式，养成良好的记录习惯。实验完毕后，经指导教师同意后，方可离开实验室。

四、实验报告

学生应独立完成实验报告，并在下次实验前及时送指导教师批阅。实验报告的内容包括实验目的、简明原理、简单操作步骤、数据处理、结果讨论和思考题。数据处理应有原始数据记录表和计算结果表示表（有时二者可合二为一），实验报告具体格式见第二部分。需要计算的数据必须列出算式，对于多组数据，可列出其中一组数据的算式。作图时必须按指导老师所要求的去做。实验报告的数据处理中不仅包括表格、作图和计算，还应有必要的结论。结果讨论应包括对实验现象的分析解释，查阅文献的情况，对实验结果误差的定性分析或定量计算，对实验的改进意见和做实验的心得、体会等。

目　　录

第一部分 实验

实验一 燃烧焓的测定

一、实验目的

(1)用氧弹量热计测定萘的燃烧焓。

(2)明确燃烧焓的定义,了解燃烧焓与燃烧反应热力学能变之间的关系。

(3)了解氧弹量热计的构造、原理和使用方法。

二、实验原理

物质的燃烧热是指 1 mol 物质完全燃烧时的热效应,广泛地用在各种热化学计算中,文献中已经报道了许多物质的燃烧热和反应热。物质的燃烧热通常用氧弹量热计来测量。氧弹量热计是一种重要的热化学仪器,在热化学、生物化学以及某些工业部门广泛使用。

根据热力学第一定律,物质在定体积燃烧时,体系不对外做体积功,则燃烧热等于体系热力学能的变化,即

$$Q_V = \Delta U \tag{1.1.1}$$

式中 Q_V 为定容热,ΔU 为体系热力学能的变化值。

设体系的定容热容为 C_V,则若将 n mol 被测物质置于充氧的氧弹中使其完全燃烧。燃烧时放出的热量使体系温度升高 ΔT,即可根据下式计算实际放出的热量:

$$Q_V = C_V \Delta T \tag{1.1.2}$$

将实验中测得的定容热代入热力学基本关系式,可求得定压热:

$$Q_p = \Delta H = \Delta U + \Delta (pV) = Q_V + p\Delta V \tag{1.1.3}$$

式中 ΔH 为反应的焓变,p 为反应压力,ΔV 为反应前后体积的变化。由于凝聚相与气相相比,其体积可忽略不计,则 ΔV 可近似为反应前后气体物质的体积变化。设反应前后气态的摩尔数变化为 Δn,并设气体为理想气体,则

$$p\Delta V = \Delta nRT \tag{1.1.4}$$

则

$$Q_p = Q_V + \Delta nRT \tag{1.1.5}$$

萘完全燃烧的化学方程式为

$$C_{10}H_8(s) + 12O_2(g) \longrightarrow 10CO_2(g) + 4H_2O(l)$$

则 1 mol 萘完全燃烧时,有

$$\Delta H_m = Q_{p,m} = Q_{V,m} - 2RT \tag{1.1.6}$$

其中

$$T = T_{室温} + \frac{1}{2}\Delta T_{萘} \tag{1.1.7}$$

从以上讨论可知,测量物质的燃烧热,关键是准确测量物质燃烧时引起的温度升高值 ΔT,然而 ΔT 的准确度除与测量温度计有关外,还与其他许多因素有关,如热传导、蒸发、对流和辐射等引起的热交换,搅拌器搅拌时所产生的机械热。它们对 ΔT 的影响规律相当复杂,很难逐一加以校正并获得统一的校正公式。

在测定的前期和末期,体系和环境间的温差变化不大,交换能量较稳定。而反应期温度改变较大,体系和环境的温差随时改变,交换的热量也不断改变,很难用实验数据直接求算,通常采用作图(见图 1.1.1)或经验公式等方法消除其影响。

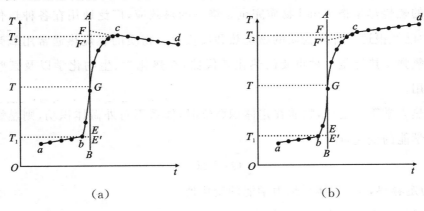

图 1.1.1 雷诺校正图

我们采用雷诺图(温度-时间曲线)确定实验中的 ΔT,如图 1.1.1 所示。图 1.1.1 (a)中点 b 相当于开始燃烧的点,c 为观察到的最高点的温度读数,过 $T_1 T_2$ 线段中点 T 作水平线 TG,于 T-t 线相交于点 G,过点 G 作垂直线 AB,此线与 ab 线和 cd 线的延长线交于 E,F 两点,则点 E 和点 F 所表示的温度差即为欲求温度的升高值 ΔT。图中 EE' 为开始燃烧到温度升至环境温度这一时间 Δt_1 内,因环境辐射和搅拌造成量热计温度的升高,必须扣除。FF' 为温度由环境温度升至最高温度 c 这一段时间 Δt_2 内,量热计向环境辐射能量而造成的温度降低,由此可见 E,F 两点的温度差较客观地表示了样品燃烧后,使量热计温度升高的值。

有时量热计绝热情况良好,热漏小,但由于搅拌不断引进少量能量,使燃烧后最高点不出现,如图 1.1.1(b)所示,这时 ΔT 仍可按相同原理校正。

氧弹量热计的基本原理是能量守恒定律。样品充分燃烧所释放出的热量使氧弹本身及其周围介质以及与量热计有关的附件温度升高,测量介质在燃烧前后的温度变化值,即可求出该样品的定容燃烧热:

$$mQ_V + m_{Ni}Q_{Ni} = -(m_水 C_水 + C_计)\Delta T \tag{1.1.8}$$

式中 m 为待测物的质量(g);$m_水$ 为水的质量(g);$C_水 = 4.18 \text{J} \cdot \text{g}^{-1} \cdot \text{K}^{-1}$(水的质量热容);$C_计$ 为量热计的水当量($\text{J} \cdot \text{K}^{-1}$);$m_{Ni}$ 为镍丝的质量(g);$Q_{Ni} = -3\,136.2 \text{J} \cdot \text{g}^{-1}$;苯甲酸的定容燃烧热 $Q_V = -26\,465 \text{J} \cdot \text{g}^{-1}$。

三、实验仪器与试剂

(1)氧弹量热计;SWC-ⅢD精密数字温度温差仪;氧气瓶(附氧气表);万用电表;压片机;1 000mL容量瓶;引火丝;分析天平。

(2)苯甲酸(A.R);萘(A.R)。

四、实验步骤

1.测定量热计水当量 $C_计$

(1)称取约1g苯甲酸(不要超过1g),压片,再用分析天平准确称量质量 m。

(2)准确称取10cm长镍丝的质量 $m_{Ni,1}$,将镍丝与苯甲酸片固定在一起。将此样品小心挂在氧弹弹头上的坩埚中,将镍丝两端紧缠于两电极上(注意镍丝不要碰到坩埚),用万用电表检测两电极是通路。在氧弹中加入几滴蒸馏水,盖好弹盖,旋紧。将氧弹置于充氧器底座上,使其进气口对准充氧器的出气口,按下充氧器手柄。打开氧气瓶总阀门,顺时针旋紧(即打开)减压阀,使压力达 1.0~1.2MPa,充氧约20s后逆时针旋松(即关闭)减压阀,拉起充氧器手柄。充气后,再用万用电表检测两电极是通路(注意一定要检测是通路,否则实验失败)。将内桶擦干并放入保温外桶中央,在氧弹两电极上接上点火导线,将氧弹小心地放入内桶中。

(3)用电子温差仪探头测量外筒水的温度。再取 3 500mL 自来水,用冰水调节使其低于外筒水温 1~2℃,准确量取3L自来水装入干净的内桶中,盖上盖子,将传感器插入内桶水中,打开量热计电源,开启搅拌开关,进行搅拌。

(4)按下温差仪电源开关,当温度温差显示值稳定后,按一下"采零"键,温差显示窗口显示"0.000",再按下"锁定"键,设定定时时间为15s。开始读点火前最初阶段的温度,每间隔半分钟读取一次,共读取 10 次。读数完毕,立即按"点火"按钮,指示灯熄灭表示着火,继续每15s读一次温度,等温差值趋于平稳后(温差上升小于0.1℃)改为每半分钟读一次,再读取最后阶段的10次读数,方可停止实验。

(5)关闭量热计电源,将传感器放入外桶,打开量热计,取出氧弹。用放气阀放出氧弹内的余气,旋开氧弹盖,观察是否燃烧完全(如有黑色痕迹,则为未完全燃烧)。如燃烧不完全,须重新测量。如果已完全燃烧,可取剩下的点火丝,准确测出其质量 $m_{Ni,2}$,燃烧掉的点火丝质量为 $m_{Ni}=m_{Ni,1}-m_{Ni,2}$。实验后将氧弹内外和坩埚、内桶处理干净待用。

2. 萘的燃烧焓的测定

准确称量 0.6g 左右的萘,按步骤 1 的方法测定。

五、数据处理

(1)作苯甲酸和萘的雷诺图(即温差-时间曲线),求 ΔT。

(2)计算量热计的水当量 $C_{计}$。

(3)计算萘的燃烧焓。

六、讨论

(1)试解释为什么加入内筒的水的体积要准确,而且其温度要低于外筒的水温?低多少合适?

(2)为什么要用雷诺图校准实验测得的温差?你做实验的雷诺图是什么类型的?试解释原因。

(3)本实验方法可以测定固体样品的燃烧热(如蔗糖),如何测定液体样品的燃烧热,请设计一种测定液体样品燃烧热的方法。

实验二　溶液偏摩尔体积的测定

一、实验目的

(1)掌握用比重瓶测定溶液密度的方法。

(2)测定指定组成的乙醇-水溶液中各组分的偏摩尔体积。

二、实验原理

在多组分体系中,某组分 i 的偏摩尔体积定义为

$$V_{i,\mathrm{m}} = \left(\frac{\partial V}{\partial n_i}\right)_{T,p,n_j (i \neq j)} \tag{1.2.1}$$

若是二组分体系,则有

$$V_{1,\mathrm{m}} = \left(\frac{\partial V}{\partial n_1}\right)_{T,p,n_2} \tag{1.2.2}$$

$$V_{2,\mathrm{m}} = \left(\frac{\partial V}{\partial n_2}\right)_{T,p,n_1} \tag{1.2.3}$$

体系总体积

$$V = n_1 V_{1,\mathrm{m}} + n_2 V_{2,\mathrm{m}} \tag{1.2.4}$$

将式(1.2.4)两边同除以溶液质量 W,有

$$\frac{V}{W} = \frac{W_1}{M_1} \cdot \frac{V_{1,\mathrm{m}}}{W} + \frac{W_2}{M_2} \cdot \frac{V_{2,\mathrm{m}}}{W} \tag{1.2.5}$$

令

$$\frac{V}{W} = \alpha, \quad \frac{V_{1,\mathrm{m}}}{M_1} = \alpha_1, \quad \frac{V_{2,\mathrm{m}}}{M_2} = \alpha_2 \tag{1.2.6}$$

式中 V 是溶液的比体积;α_1、α_2 分别为组分 1,2 的偏质量体积。将式(1.2.6)代入式(1.2.5)可得:

$$\alpha = W_1 \alpha_1 + W_2 \alpha_2 = (1 - W_2)\alpha_1 + W_2 \alpha_2 \tag{1.2.7}$$

将式(1.2.7)对 W_2 微分:

$$\frac{\partial \alpha}{\partial W_2} = -\alpha_1 + \alpha_2 \quad \text{即} \quad \alpha_2 = \alpha_1 + \frac{\partial \alpha}{\partial W_2} \tag{1.2.8}$$

将式(1.2.8)代回式(1.2.7),整理得

$$\alpha_1 = \alpha - W_2 \frac{\partial \alpha}{\partial W_1} \tag{1.2.9}$$

和

$$\alpha_2 = \alpha + W_1 \frac{\partial \alpha}{\partial W_2} \tag{1.2.10}$$

所以,实验求出不同浓度溶液的比体积 α,作 $\alpha-W_2$ 关系图,得曲线 CC'(见图 1.2.1)。如欲求 M 浓度溶液中各组分的偏摩尔体积,可在 M 点作切线,此切线在两边的截距 AB 和 $A'B'$ 即为 α_1 和 α_2,再由关系式(1.2.6)就可求出 $V_{1,m}$ 和 $V_{2,m}$。

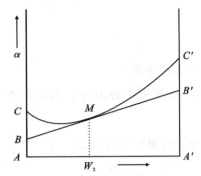

图 1.2.1 比体积-质量分数关系

三、仪器与药品

(1)分析天平(公用);容量瓶(10mL)6 个;磨口三角瓶(50mL)4 个。

(2)无水乙醇(分析纯),纯水。

四、实验步骤

在磨口三角瓶中用天平称重,配制含 A 质量分数为 0%,20%,40%,60%,80%,100%的乙醇水溶液,每份溶液的总体积控制在 40mL 左右,例如:称取 8g 的无水乙醇,再称取 32g 的水,即为质量分数为 20% 的乙醇水溶液。配好后盖紧塞子,以防挥发。摇匀后测定每份溶液的密度,其方法如下:用天平精确称量预先洗净烘干的容量瓶质量 m_1,然后盛满溶液(注意不得存留气泡)置于恒温槽中恒温 10min。用滤纸迅速擦去毛细管膨胀出来的液体。取出容量瓶,擦干外壁,迅速称重 m_2。

五、数据记录和处理

将数据记录于表 1.2.1 中。

以 W 为横坐标,α 为纵坐标作图,在 $W=50\%$ 处作切线,截距为 α_1 和 α_2,再由公式求出 $V_{1,m}$ 和 $V_{2,m}$。

表 1.2.1 数据记录

$W/(\%)$	乙醇/g	水/g	m_1/g	m_2/g	$m/g=m_2-m_1$	$\alpha=10/m$
0						
20						
40						
60						
80						
100						

实验三　凝固点降低法测定相对分子质量

一、实验目的

(1)掌握一种常用的相对分子质量测定方法。

(2)通过实验进一步理解稀溶液理论。

二、实验原理

含非挥发性溶质的二组分稀溶液的凝固点低于纯溶剂的凝固点。这是稀溶液的依数性之一。当指定了溶剂的种类和数量后,凝固点降低值取决于所含溶质分子的数目,即溶剂的凝固点降低值与溶液的浓度成正比。以方程式表示这一规律则有

$$\Delta T_f = T_f^* - T_f = K_f b_B \tag{1.3.1}$$

这就是稀溶液的凝固点降低公式。式中 T_f^* 为溶剂的凝固点,T_f 为溶液的凝固点,K_f 为质量摩尔凝固点降低常数,简称凝固点降低常数;b_B 为溶质的质量摩尔浓度。因为 b_B 可表示为

$$b_B = \frac{\dfrac{m_B}{M_B}}{m_A} \times 1\,000 \tag{1.3.2}$$

故式(1.3.1)可改为

$$M_B = K_f \frac{1\,000 m_B}{\Delta T_f m_A} = K_f \frac{1\,000 m_B}{\Delta T_f V_A \rho_A} \mathrm{g \cdot mol^{-1}} \tag{1.3.3}$$

式中,M_B 为溶质 B 的相对分子质量;m_B 和 m_A 分别为溶质和溶剂的质量;V_A 为溶剂的体积(mL);ρ_A 为溶剂的密度(g/mL)。如已知溶剂的 K_f 值,则可通过实验测出 ΔT_f 值,用上式求溶质的相对分子质量。

显而易见,全部实验操作归结为凝固点的精确测量,所谓凝固点是指在一定条件下,固液两相平衡共存的温度。理论上,只要两相平衡就可达到这个温度。但实际上,只有固相充分分散到溶液中,也就是固液两相的接触面相当大时,平衡才能达到。一般通过绘制步冷曲线的方法来测定出凝固点。

纯溶剂的凝固点是液相和固相共存的平衡温度,其步冷曲线如图 1.3.1(Ⅰ) 所示。但实际过程中容易发生过冷现象,即过冷析出固体以后温度才回升到平衡温度,如图 1.3.1(Ⅱ)所示。溶液的凝固点是溶液的液相和溶剂的固相共存的平衡温度,其步冷曲线与纯溶剂不同,如图 1.3.1(Ⅲ和Ⅳ)所示。如果过冷严重,会出现图 1.3.1

（Ⅴ）所示,将会影响相对分子质量的测定结果,因此在实验中要控制适当的过冷程度,一般可通过控制寒剂的温度、搅拌的速度来控制。

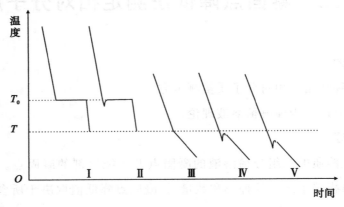

图 1.3.1 冷却曲线

三、仪器和试剂

(1)凝固点降低实验装置;移液管;分析天平。

(2)环己烷(A.R)和萘(A.R),碎冰。

四、实验步骤

1. 调节冰浴槽的温度

在冰浴槽中加入碎冰水混合物,调节水温在 3～3.5℃左右,在实验过程中用搅拌棒经常搅拌并间断地补充少量的冰,使冰槽保持在此温度。打开电源开关,此时温度显示为初始状态(实时温度),温差显示为以 20℃为基温的温差值。将温度传感器放入冰槽中,待温度显示和温差显示一致时,按下"锁定"键。

2. 纯溶剂凝固点的测定

用移液管吸取 25mL 环己烷注入洗净、烘干的凝固点管中,放入磁力搅拌子,将温度传感器擦干并塞入凝固点管中,使传感器下端全部浸入溶液而不与管底接触,搅拌子能自由操作,不与管壁或传感器相摩擦。将凝固点管直接浸在冰浴中,不断搅拌溶液,使之逐渐冷却。当温度降至 7.5℃左右时,取出凝固点管,擦去水,迅速移至空气套管中冷却。观察样品的降温过程,当温度达到最低点后,又开始回升,回升到最高点后又开始下降,此最高点温度(温差显示的数值)即为环己烷的凝固点。取出凝固点管,用手捂住管壁片刻,同时不断搅拌,使管中固体全部熔化,重复上述过程测定三次,三次平均值为纯环己烷的凝固点。

3. 溶液凝固点的测定

取出凝固点管,如前将管中环己烷熔化,加入精确称取的萘(约 0.05g),使其全部溶解后按照上述方法测定溶液凝固点。将凝固点管直接插入冰浴中,当温度降至刚刚测定的环己烷的凝固点时,取出凝固点管,擦去水,迅速移至空气套管中冷却。回升最高点温度即为溶液的凝固点。重复上述过程测定三次,取平均值。

五、数据处理

(1)根据下列公式计算环己烷的密度。

环己烷的凝固点降低常数值:$K_f = 20.0 K \cdot kg \cdot mol^{-1}$

环己烷的密度计算公式:$\rho_t / (g \cdot mL) = 0.7971 - 0.8879 \times 10^{-3} t / ℃$

室温 t:_____   萘的质量 m_B:_____   环己烷的体积 V_A:25mL

将测得数据记录于表 1.3.1 中。

表 1.3.1 数据记录

环己烷的凝固点 t_f/℃				溶液的凝固点 t_f/℃				ΔT_f/K
1	2	3	平均值	1	2	3	平均值	

(2)计算萘的相对分子质量。

六、讨论

(1)在考虑加入溶质的量时考虑什么原则,太多或太少有什么影响?

(2)冰浴槽的温度对本实验有何影响?

(3)用本实验的方法测定相对分子质量,对溶剂的选择应考虑哪些因素?

实验四 双液系气-液平衡相图的测绘

一、实验目的

(1)掌握用沸点仪测沸点的方法。

(2)绘制乙酸乙酯-乙醇的沸点-组成图。

(3)确定乙酸乙酯-乙醇的恒沸组成和恒沸点。

(4)了解阿贝折射仪的构造原理,掌握其使用方法。

二、实验原理

常温下,两液体物质可按任意比例互溶而形成的混合物,称为完全互溶双液系。对于纯态液体,外压一定时,其沸点是一定的,而对于双液系,外压一定时,其沸点还与组成有关,并且在沸点时,平衡的气、液两相组成不同。在一定外压下,表示沸点与平衡时气、液两相组成之间的关系曲线,称为沸点组成图,即 $t-x$ 图。完全互溶的双液系的沸点组成图可分为三种情况。

(1)沸点介于两纯组分沸点之间,如图 1.4.1(a)所示。

(2)存在最高恒沸点,相应组成为最高恒沸组成。如图 1.4.1(b)所示,丙酮-氯仿系统等属于此类。

(3)存在最低恒沸点,相应组成为最低恒沸组成。如图 1.4.1(c)所示,水-乙醇和乙酸乙酯-乙醇系统等属于此类。

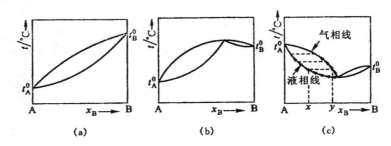

图 1.4.1 完全互溶双液系的沸点-组成图

平衡时,气、液两相组成的分析,可使用阿贝折射仪测定,因为折射率与浓度有关。沸点用沸点仪测定。沸点仪见图 1.4.2 所示。

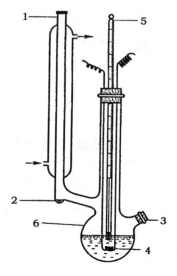

图 1.4.2　沸点仪

1—冷凝管；2—小槽（气相）；3—支管；4—电热丝；5—温度计；6—烧瓶

三、仪器和试剂

（1）沸点仪 1 套；阿贝折射仪 1 台；试管（干燥）20 根；滴管（干燥）20 根；10mL
量筒。

（2）乙酸乙酯（A.R）；无水乙醇（A.R）。

四、实验步骤

1. 工作曲线的测定

用阿贝折射仪测定纯乙酸乙酯、20％乙醇、40％乙醇、60％乙醇、80％乙醇、无水乙
醇标准溶液的折射率，并绘制折射率-组成的工作曲线。

2. 测定沸点、取样和测定折光率

（1）在干燥的蒸馏瓶中加入 30mL 乙醇，将电阻丝接在输出电压 12V 的变压器上，
使温度升高并沸腾。待温度稳定 5min 后，记下温度。切断电源，用两支干净的滴管，
在冷凝管口处吸取球形水槽内的液体（气相组成），和蒸馏瓶中的液体（液相组成）几
滴。分别存放在事先准备好的干燥取样管中，立即盖好塞子，以防挥发。尽早测定样
品的折射率。

（2）再在蒸馏瓶中加入 3mL 乙酸乙酯，按（1）中方法测其沸点及气、液两相组成的
折射率。再依次加入 6mL，10mL 和 15mL 的乙酸乙酯，做同样实验。

（3）用少量乙酸乙酯洗涤蒸馏瓶 3～4 次后，加入 30mL 乙酸乙酯，再装好仪器装

置,先测定乙酸乙酯的沸点及折射率,然后依次加入 2mL,4mL,6mL,8mL 的乙醇,分别测定它们的沸点及气、液两相组成的折射率。

五、数据记录和处理

(1)工作曲线的测定。

将数据记录于表 1.4.1 中。

表 1.4.1　乙酸乙酯-乙醇标准溶液

乙醇质量分数/(%)		0	20	40	60	80	100
折射率 n_D	1						
	2						
	3						
	平均						

(2)记录待测溶液的沸点及气、液的折射率,根据工作曲线查出相应的气、液组成,列于表 1.4.2 中。

(3)绘制乙酸乙酯-乙醇的 $t-x$ 图,找出最低共沸点及共沸混合物的组成。

表 1.4.2　乙酸乙酯-乙醇溶液

乙酸乙酯-乙醇组成(mL-mL)	沸点 ℃	气相组成					液相组成				
		折射率 n_D				乙醇质量分数/(%)	折射率 n_D				乙醇质量分数/(%)
		1	2	3	平均		1	2	3	平均	
0						100					100
3											
6	30										
10											
15											
	0					0					0
	2										
30	4										
	6										
	8										

六、讨论

（1）如何判断气、液两相已达平衡？

（2）回流时，如果冷却效果不好，对相图的绘制会产生什么影响？

（2）沸点仪的气相小槽体积过大或过小，对测量有什么影响？

附 阿贝折射仪的使用方法

阿贝折射仪外形如图1.4.3所示。

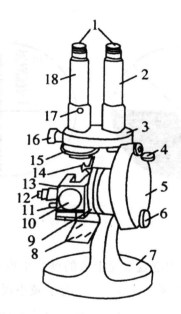

图 1.4.3　阿贝折仪射外形示意图

1.目镜　2.读数镜筒　3.支架　4.小反光镜　5.圆盘组(内有刻度板)　6.棱镜转动手轮　7.底座

8.反光镜　9.主轴　10.保护罩　11.恒温水浴接头　12.温度计座　13.棱镜组　14.棱镜锁紧手柄；

15.色散值刻度盘　16.阿米西棱镜手轮　17.示值调节螺钉　18.望远镜筒

阿贝折射仪的使用方法如下：

（1）仪器的安装。仪器应放在光线充足的靠窗实验台上，或用普通白炽灯作为光源。在精密测定时，棱镜保温夹套内应通入恒温水，恒温水可由超级恒温槽供给。

（2）清洗棱镜镜面。松开锁钮，开启辅助棱镜，使镜面处于水平位置。用滴管加少量去离子水清洗洗镜面(用滴管时注意勿使管尖碰触镜面)。必要时可用擦镜纸轻轻揩拭镜面(切勿用滤纸)。待镜面干燥或用擦镜纸吸干后即可使用。

(3)加样。滴加数滴试样于辅助棱镜的毛玻面上,闭合棱镜,旋紧锁钮。如试样是易挥发液体,可从两棱镜间的加液小槽加入,再旋紧锁钮。

(4)对光。转动棱镜转动旋钮,使刻度盘标尺上的示值为最小。调节底部反光镜,同时从测量望远镜中观察,使视野最亮。调节目镜,使视野十字线最清晰。

(5)测定。转动棱镜转动旋钮,使刻度标尺上的示值逐渐增大,当视野出现明暗分界线和彩色光带(白光的色散现象)时,转动消色散(阿米西棱镜)旋钮,使视野的明暗界线达到最清晰。再精细调节棱镜位置,

使明暗界线正好位于十字线的交叉点上,如此时出现微色散,重调消色散旋钮使界线清晰(见图 1.4.4(a))。

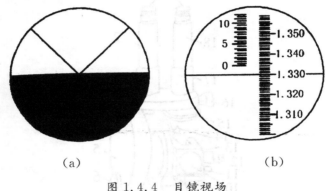

(a)   (b)

图 1.4.4　目镜视场

(6)读数。读数时先打开刻度盘罩壳上方的读数小窗,使光线射入,从读数望远镜中,读出标尺上相应的示值(见图 1.4.4(b))。为了减小误差,应转动棱镜,重复测定 3 次(每次读数相差不宜大于 0.000 2),然后,取 3 次读数的平均值。测定完毕,用去离子水洗净镜面,再用擦镜纸吸干。

实验五　蔗糖水解反应速率常数的测定

一、实验目的

(1)测定蔗糖在酸中水解的速率常数。

(2)学会使用旋光仪。

二、实验原理

蔗糖水溶液在有氢离子存在时发生水解反应,即

$$C_{12}H_{22}O_{11} + H_2O \longrightarrow C_6H_{12}O_6 + C_6H_{12}O_6$$

蔗糖　　　　　　　　　葡萄糖　　　果糖

蔗糖水解的反应为准一级反应,其速率方程可写为

$$\ln\frac{c_{A,0}}{c_A} = kt$$

$$\ln c_A = -kt + \ln c_{A,0} \tag{1.5.1}$$

式中 $c_{A,0}$ 为蔗糖的初浓度, c_A 为反应进行到 t 时刻蔗糖的浓度, $\ln c_A \sim t$ 呈线性,其直线斜率即为速率常数 k。

蔗糖、葡萄糖、果糖都是旋光物质,它们比旋光度分别为 $[\alpha_{蔗}]_D^{20} = 66.65°$, $[\alpha_{葡}]_D^{20} = 52.5°$ 和 $[\alpha_{果}]_D^{20} = -91.9°$。这里的 α 表示在 20℃ 时用钠黄光作光源测得的旋光度。正值表示右旋,负值表示左旋。由于蔗糖的水解是能进行到底的,又由于生成物中果糖的左旋远大于葡萄糖的右旋,所以生成物呈左旋光性。随着反应的进行,系统逐渐由右旋变为左旋,直至左旋最大。设反应开始测得的旋光度为 α_0,经 t 分钟后测得的旋光度为 α_t,反应完毕后测得的旋光度为 α_∞。当测定是在同一台仪器、同一光源、同一长度的旋光管中进行时,则浓度的改变正比于旋光度的改变,且比例常数相同。

$$(c_{A,0} - c_\infty) \propto (\alpha_0 - \alpha_\infty)$$

$$(c_A - c_\infty) \propto (\alpha_t - \alpha_\infty)$$

又　$c_\infty = 0$,所以

$$\frac{c_{A,0}}{c_A} = \frac{\alpha_0 - \alpha_\infty}{\alpha_t - \alpha_\infty} \tag{1.5.2}$$

将式(1.5.2)代入式(1.5.1)得

$$\ln(\alpha_t - \alpha_\infty) = -kt + \ln(\alpha_0 - \alpha_\infty) \tag{1.5.3}$$

$(\alpha_0 - \alpha_\infty)$ 为常数。用 $\ln(\alpha_t - \alpha_\infty)$ 对 t 作图,所得直线的负斜率为速率常数 k。

三、实验仪器与试剂

(1)旋光仪;秒表;锥形瓶;移液管;天平。

(2)蔗糖(A.R);3mol/LHCl溶液。

四、实验步骤

(1)用蒸馏水校正旋光仪的零点。

(2)称取 20g 蔗糖溶于 100mL 蒸馏水中。取蔗糖溶液 50mL 放入干燥的锥形瓶中,用移液管移取 50mL 的 HCl 溶液(3mol/L)快速置入锥形瓶中与蔗糖溶液混合,并开始计时。用待测液荡洗旋光管二次后,立即装满旋光管,盖好旋盖并擦净,放入旋光仪,测量不同时刻的旋光度。第一个数据要求反应开始 1～3min 内测量。

在反应开始的 15min 内,每 1min 读取一次数据。15min 后每 5min 测量一次。直至旋光度由右旋变到左旋为止。

(3)将上述锥形瓶中剩余混合液塞上胶塞置于 50～60℃ 水浴中恒温振荡 30min,然后冷却至室温,测其旋光度为 α_∞。

五、数据记录及处理

(1)将时间 t,α_t,$(\alpha_t - \alpha_\infty)$,$\ln(\alpha_t - \alpha_\infty)$ 列表。

(2)以 $\ln(\alpha_t - \alpha_\infty)$ 对 t 作图,由直线斜率计算速率常数 k,并计算反应的半衰期 $t_{\frac{1}{2}}$。

六、讨论

(1)化学反应速率与哪些因素有关?影响蔗糖水解反应速率常数的因素有哪些?

(2)本实验中蔗糖的质量为什么可用天平粗称?减少本实验的误差可用哪些方法?

(3)实验时,用蒸馏水来校正旋光仪的零点,在数据处理时所测的 α_t 是否需要零点校准?为什么?

实验六　乙酸乙酯皂化反应

一、实验目的

(1)测定乙酸乙酯皂化反应的速率常数和反应活化能。

(2)进一步了解二级反应的特点。

(3)掌握电导率仪的使用方法。

二、实验原理

乙酸乙酯皂化反应是一个典型的二级反应,即

$$CH_3COOC_2H_5 + OH^- \longrightarrow CH_3COO^- + C_2H_5OH$$

速率方程可表示为

$$\frac{dx}{dt} = k(a-x)(b-x) \tag{1.6.1}$$

式中 a,b 分别表示 $CH_3COOC_2H_5$ 和 NaOH 的初始浓度,k 为反应速率常数,x 表示经过时间 t 后消耗掉的反应物浓度。若二级反应物的初浓度相同,则式(1.6.1)变为

$$\frac{dx}{dt} = k(a-x)^2 \tag{1.6.2}$$

将式(1.6.2)分离变量积分得

$$kt = \frac{x}{a(a-x)} \tag{1.6.3}$$

本实验用电导法测定反应系统在不同时刻的电导,跟踪反应物浓度随时间的变化情况,从而求出反应速率常数。

随着皂化反应的进行,溶液中导电能力强的 OH^- 离子逐渐被导电能力弱的 CH_3COO^- 离子所取代,所以溶液的电导逐渐减小。

设 G_0,G_t,G_∞ 分别表示反应起始时、反应时间 t 时、反应终了时的电导,则

$$G_0 = K_{NaOH}a \tag{1.6.4}$$

$$G_t = K_{NaOH}(a-x) + K_{NaAc}x \tag{1.6.5}$$

$$G_\infty = K_{NaAc}a \tag{1.6.6}$$

K_{NaOH} 和 K_{NaAc} 分别为 NaOH 和 NaAc 两电解质的电导与浓度的比例常数。

式(1.6.5)-式(1.6.6)得

$$G_t - G_\infty = (K_{NaOH} - K_{NaAc})(a-x) \tag{1.6.7}$$

式(1.6.4)－式(1.6.5)得

$$G_0 - G_t = (K_{NaOH} - K_{NaAc})x \qquad (1.6.8)$$

将式(1.6.8)/式(1.6.7)代入式(1.6.3)得

$$kt = \frac{1}{a} \times \frac{G_0 - G_t}{G_t - G_\infty}$$

整理得

$$G_t = \frac{G_0 - G_t}{akt} + G_\infty \qquad (1.6.9)$$

由式(1.6.4)可看出,作 $G_t \sim \dfrac{G_0 - G_t}{t}$ 图,得一直线,其斜率为 $\dfrac{1}{ak}$,由此可求出反应的速率常数 k。本实验用同一电导池进行测量,电导和电导率成正比,因此只要测出电导率 k_0 和 k_t 即可,同样满足

$$k_t = \frac{k_0 - k_t}{akt} + k_\infty \qquad (1.6.10)$$

的关系式。

测定两个不同反应温度下的速率常数 k_1 和 k_2,再应用阿伦尼乌斯方程

$$\ln \frac{k_2}{k_1} = \frac{Ea}{R}\left(\frac{1}{T_1} - \frac{1}{T_2}\right) \qquad (1.6.11)$$

即可算出此反应在这两个温度范围内的平均活化能。

三、仪器和试剂

(1)ZHFY－Ⅰ乙酸乙酯皂化反应测定装置;恒温水浴;移液管;锥形瓶;烧杯。

(2)NaOH;乙酸乙酯(A.R)。

四、实验步骤

(1)调节恒温水浴的温度至 30.00℃(试室温而定,比室温略高),并将电导率仪接通电源预热。

(2)配制新鲜的 0.02mol/L NaOH 溶液和 0.02mol/L 乙酸乙酯水溶液。

(3)k_0 的测定。

分别取 10mL 蒸馏水和 10mL 的 0.02mol/L NaOH 溶液,加到洁净干燥的叉形管电导池中充分混合均匀,置于恒温槽中,恒温 10min。将电极放入已恒温的 NaOH 溶液中,测其溶液的电导率 k_0。

(4)k_t 的测量。

在叉形电导池的直支管中加入 10mL 的 0.02mol/L 乙酸乙酯水溶液,侧支管中加入 10mL 的 0.02mol/L NaOH 溶液,把洗净的电极插入直支管中,恒温 10min,在恒温

槽中将叉形电导池中溶液混合均匀,同时按下"计时"键,开始计时,当反应进行 6 min 时,测其电导率,并在 9 min,12 min,15 min,20 min,25 min,30 min,35 min,40 min 时各测电导率一次,记录电导率 k_t 及时间 t。

(5)调节恒温槽温度为 35.00 ℃,重复测其 k_0 和 k_t,在测定 k_t 时按反应进行 4 min,6 min,8 min,10 min,12 min,15 min,18 min,21 min,24 min,27 min,30 min 测其电导率。

五、数据记录与处理

(1)恒温槽温度:30 ℃。a(NaOH 溶液):0.01 mol/L。

k_0:_____,k_0(平均值):_____。

将数据记录于表 1.6.1 中。

表 1.6.1 数据记录

t/min	6	9	12	15	20	25	30	35	40
k_t/(S·m^{-1})									
$\dfrac{k_0-k_t}{t}$									

以 k_t 对 $\dfrac{k_0-k_t}{t}$ 作图,由所得直线斜率求出此温度时乙酸乙酯皂化反应的速率常数 k_1。

(2)恒温槽温度:35 ℃。a(NaOH 溶液):0.01 mol/L。

k_0:_____,k_0(平均值);_____。

将数据记录于表 1.6.2 中。

表 1.6.2 数据记录

t/min	4	6	8	10	12	15	18	21	24	27	30
k_t/(S·m^{-1})											
$\dfrac{k_0-k_t}{t}$											

以 k_t 对 $\dfrac{k_0-k_t}{t}$ 作图,由所得直线斜率求出此温度时乙酸乙酯皂化反应的速率常数 k_2。

(3)把 k_1 和 k_2 代入阿伦尼乌斯方程求活化能。

六、讨论

(1)测量 k_0 时为什么要加入等体积的蒸馏水与氢氧化钠溶液混合?

（2）如何从实验数据来验证乙酸乙酯皂化反应为二级反应？

（3）如果反应物乙酸乙酯和氢氧化钠的初始浓度不相等，如何计算反应速率常数 k？

附 电导率仪的校准

（1）将电极插头插入电极插座。接通仪器电源，仪器处于校准状态，校准指示灯亮，让仪器预热 15min。

（2）按"校准/测量"使仪器处于校准状态（校准指示灯亮）。

（3）将"温度补偿"旋钮的标志线置于被测液的实际温度位置。

（4）调节常数旋钮，使仪器所显示值为所用电极的常数标称值，例如：电极常数为"0.92"，调"常数"旋钮显示 9200，电极常数为"1.10"，调"常数"旋钮显示 11000，忽略小数点。

（5）按"校准/测量"键，使仪器处于工作状态（测量指示灯亮）。

实验七　用最大气泡法测定液体的表面张力

一、实验目的

(1)用最大气泡法测定乙醇水溶液的表面张力。

(2)学会用图解法计算不同浓度下溶液的表面吸附量。

二、实验原理

恒温恒压下的纯溶剂的表面张力为一定值,若在纯溶剂中加入能降低其表面张力的溶质时,则表面层中溶质的浓度比溶液内部浓度高;若加入能增大其表面张力的溶质时,则溶质在表面层中的浓度比溶液内部浓度低。这种现象称为表面吸附。

吉布斯以热力学方法导出了溶液浓度、表面张力和吸附量之间的关系,称为吉布斯吸附等温式。

对二组分稀溶液,则有

$$\Gamma = -\frac{c}{RT}\left(\frac{\partial \sigma}{\partial c}\right)_T \tag{1.7.1}$$

式中:Γ 为吸附量,mol/m^2;σ 为表面张力,N/m;c 为溶液浓度,mol/m^3;T 为热力学温度,K;R 为气体常数,$8.314\ J/(mol \cdot K)$。

当 $\frac{\partial \sigma}{\partial c} < 0$ 时,$\Gamma > 0$,称为正吸附;$\frac{\partial \sigma}{\partial c} > 0$ 时,$\Gamma < 0$,称为负吸附。为了求得表面吸附量,需先作出 $\sigma - c$ 的等温曲线,根据曲线,求出 $\Gamma = f(c)$ 的关系式,如图 1.7.1 所示。

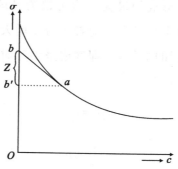

图 1.7.1　表面张力和浓度的关系

在 $\sigma = f(c)$ 曲线上取相应的点 a,通过 a 点作曲线的切线和平行于横坐标的直线,分别交纵轴于 b 和 b'。令 $bb' = Z$,则

$$Z = -c\frac{\partial \sigma}{\partial c} \tag{1.7.2}$$

由式(1.7.1)可得，$\Gamma = \dfrac{Z}{RT}$，取曲线上不同的点，就可以得出不同的 Z 和 Γ 值，从而可做出吸附等温线。

郎格缪尔提出 Γ 与 c 的关系：

$$\Gamma = \Gamma_\infty \frac{K'c}{1 + K'c} \tag{1.7.3}$$

式中，Γ_∞ 为饱和吸附量；K' 为常数。

将式(1.7.3)化为直线方程，则

$$\frac{c}{\Gamma} = \frac{c}{\Gamma_\infty} + \frac{1}{K'\Gamma_\infty} \tag{1.7.4}$$

若以 $\dfrac{c}{\Gamma}$ 对 c 作图，所得直线的斜率的倒数即为 Γ_∞，假设在饱和吸附情况下，乙醇分子在界面上铺满一层单分子层，即求得乙醇的横截面积：

$$A_s = \frac{1}{\Gamma_\infty L} \tag{1.7.5}$$

式中，L 为阿伏伽德罗常数。

本实验采用最大气泡法测定液体表面张力，其原理如下：

从浸入液面下的毛细管端鼓出空气泡时，需要高于外部大气压的附加压力以克服气泡的表面张力，则有

$$\Delta p = \frac{2\sigma}{r} \tag{1.7.6}$$

式中，Δp 为附加压力；σ 为表面张力，r 为气泡曲线半径。

如果毛细管半径很小，则形成的最大气泡可视为是球形的。当气泡开始形成时，表面几乎是平的，这时的曲率半径最大。随着压力差增大，气泡曲率半径逐渐变小，当曲率半径 r 减小到等于毛细管的半径 r_0，即气泡呈半球时，压力差达到最大值，其数值可由压力计测得。根据式(1.7.6)

$$\Delta p_m = \frac{2\sigma}{r_0}$$

或

$$\sigma = \frac{r_0}{2} \Delta p_m \tag{1.7.7}$$

对同一毛细管和同一压力计来说，r_0 是常数，即

$$\frac{\sigma_1}{\sigma_2} = \frac{\Delta p_{max1}}{\Delta p_{max2}} \tag{1.7.8}$$

$$\sigma_2 = \frac{\sigma_1}{\Delta p_{max1}} \Delta p_{max2} = K \Delta p_{max2} \tag{1.7.9}$$

K 为仪器常数,可用已知表面张力的标准物质标定求得。

三、仪器和试剂

(1)样品管;毛细管;滴液抽气瓶;数字压力计;100mL 容量瓶。

(2)乙醇(A.R)。

四、实验步骤

(1)测定仪器常数 K。

实验仪器装置如图 1.7.2 所示。

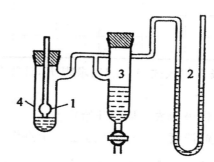

图 1.7.2　测定表面张力装置

1.毛细管　2.压力计　3.滴液抽气瓶　4.样品管

毛细管和容器在实验前按要求清洗干净,用水作标准物质,测定 K 值。在样品管中加入蒸馏水,使毛细管刚好与液面接触,接好全部仪器,打开滴液抽气瓶的活塞,使气泡从毛细管端尽可能缓缓地鼓出,以每分钟 5~10 个为宜。注意读取压力计上的最大压差 Δp_m 值,测定三次,取其平均值,自表 1.7.2 中查得水在实验温度下的表面张力 σ,根据 $K = \dfrac{\sigma}{\Delta p_m}$ 计算常数 K。

(2)测定不同浓度乙醇水溶液的表面张力。

配制一系列不同浓度的乙醇水溶液,按由稀到浓的顺序,依上法测定其表面张力,更换溶液时,需用待测液润洗毛细管和样品管三次,注意保护毛细管尖端。

实验完毕后,拆下毛细管,用蒸馏水将样品管和毛细管洗净,样品管中装好蒸馏水,并将毛细管浸入水中保存。

五、数据记录与处理

室温＿＿＿＿＿＿＿　　水的表面张力＿＿＿＿＿＿＿

(1)将实验数据填入表 1.7.1。

表 1.7.1 数据记录

		纯水	乙醇体积/mL								
			10	15	20	25	30	35	40	45	50
			乙醇水溶液 $c/(10^3 \text{mol} \cdot \text{m}^{-3})$								
			1.72	2.58	3.44	4.3	5.16	6.02	6.88	7.74	8.6
Δp_m/kPa	1										
	2										
	3										
	平均										
$\sigma/(\text{N} \cdot \text{m}^{-1})$											

(2)将查得水的表面张力代入式(1.7.6),求得 K,计算各不同浓度乙醇水溶液的表面张力 σ,填入表 1.7.1。

(3)作 $\sigma - c$ 光滑曲线(横坐标浓度从零开始)。

(4)在 $\sigma - c$ 曲线上任选(浓度 5%~30% 为宜)8 个点作切线求出 Z 和 Γ。

(5)作出 $\frac{c}{\Gamma} - c$ 图,由直线斜率求出 Γ_∞,进而计算乙醇的横截面积 $A_s = \dfrac{1}{\Gamma_\infty L}$。

六、讨论

(1)本实验中如果毛细管不干净,对实验结果有什么影响?

(2)如果气泡从毛细管下端逸出的速度较快,对实验有没有影响?如果气泡不是平稳地逸出又说明什么?

(2)为什么在测定过程中要保持恒温体系?

附 不同温度下水的表面张力 σ

表 1.7.2 不同温度下水的表面张力 σ

t/℃	$\sigma/(10^{-3}\text{N} \cdot \text{m}^{-1})$	t/℃	$\sigma/(10^{-3}\text{N} \cdot \text{m}^{-1})$
11	74.07	21	72.59
12	73.93	22	72.44
13	73.78	23	72.28
14	73.64	24	72.13
15	73.49	25	71.97
16	73.34	26	71.82
17	73.19	27	71.66
18	73.05	28	71.5
19	72.9	29	71.35
20	72.75	30	71.18

实验八　表面活性剂临界胶束浓度 CMC 的测定

一、实验目的

(1)测定表面活性剂临界胶束浓度 CMC,并加深对表面活性剂性质的理解。

(2)了解测量 CMC 的各种实验方法。

二、实验原理

表面活性剂分子是由具有亲水性的极性基团和具有憎水性的非极性基团所组成的有机化合物,当它们以低浓度存在于某一体系中时,可被吸附在该体系的表面上,采取极性基团向着水,非极性基团脱离水的表面定向,从而使表面自由能明显降低。表面活性剂广泛用于石油、纺织、农药、采矿、食品、民用洗涤等各个领域,具有润湿、乳化、洗涤、发泡等重要作用。

在表面活性剂溶液中,当溶液浓度增大到一定值时,表面活性剂离子或分子不但在表面聚集而形成单分子层,而且在溶液本体内部也三三两两地以憎水基相互靠拢,聚在一起形成胶束。胶束可以成球状、棒状或层状。形成胶束的最低浓度称为临界胶束浓度(Critical Micelle Concentration,CMC)。

表面活性剂溶液的许多物理化学性质随着胶团的出现而发生突变,而只有溶液浓度稍高于 CMC 时,才能充分发挥表面活性剂的作用,所以 CMC 是表面活性剂的一种重要量度。

表面活性剂为了使自己成为溶液中的稳定分子,有可能采取的两种途径:一是把亲水基团留在水中,亲油基伸向油相或空气;二是让表面活性剂吸附在界面上,其结果是降低界面张力,形成定向排列的单分子膜,后者就形成了胶束。由于胶束的亲水基方向朝外,与水分子相互吸引,使表面活性剂能稳定地溶于水中。随着表面活性剂在溶液中浓度的增长,球形胶束还可能转变成棒形胶束,以至层状胶束,后者可用来制作液晶,它具有各向异性的性质。

原则上,表面活性剂随浓度变化的物理化学性质都可以用于测定 CMC,常用的方法有表面张力法、电导法、染料法等。本实验采用电导法测定表面活性剂的电导率来确定 CMC 值。它是利用离子型表面活性剂水溶液的电导率随浓度的变化关系,作 $k \sim c$ 曲线或 $\Lambda_m \sim c^{1/2}$ 曲线,由曲线的转折点求出 CMC 值。对电解质溶液,其导电能力由电导 G 衡量,即

$$G = k(A/L) \qquad (1.8.1)$$

式中 k 是电导率（$S \cdot m^{-1}$），A/L 是电导池常数（m^{-1}）。

在恒温下，稀的强电解质溶液的电导率 k 与其摩尔电导率 Λ_m 的关系为

$$\Lambda_m = \frac{k}{c} \qquad (1.8.2)$$

式中，Λ_m 单位是 $S \cdot m^2 \cdot mol^{-1}$，$c$ 单位是 $mol \cdot m^{-3}$。

若温度恒定，在极稀的浓度范围内，强电解质溶液的摩尔电导率 Λ_m 与其溶液浓度的 $c^{1/2}$ 成线形关系。

对于胶体电解质，在稀溶液时的电导率，摩尔电导率的变化规律与强电解质一样，但是随着溶液中胶团的生成，电导率和摩尔电导率发生明显变化，这就是确定 CMC 的依据。

表面活性剂在实际应用中，常并存有无机盐、极性有机物，因此研究这些因素对表面活性剂 CMC 的影响，不仅具有理论意义，而且具有实用价值。

三、仪器和试剂

（1）电导率仪；铂电极；容量瓶。

（2）氯化钠；乙醇；十二烷基硫酸钠。

四、实验步骤

（1）电导率仪的校准。

（2）分别用蒸馏水准确配制 0.002mol/L，0.004mol/L，0.006mol/L，0.008mol/L，0.010mol/L，0.012mol/L，0.014mol/L，0.016mol/L，0.02 mol/L 的十二烷基硫酸钠水溶液各 100mL。方法是先配置 0.02 mol/L 的十二烷基硫酸钠溶液 1 000mL，即准确称取 5.767 8g 十二烷基硫酸钠，在烧杯中溶解后定容至 1 000mL 容量瓶。再采用稀释法配置其他浓度的溶液。

（3）按照浓度由小到大依次测量溶液的电导率，每个浓度测量三次取平均值。

（4）配制浓度为 40g /L 的 NaCl 溶液，分别取 3mL NaCl 加入 50mL 上述各浓度的十二烷基硫酸钠溶液中，再加去离子水至 100mL，测其电导率。再用同样方法加入 6mL NaCl，9mL NaCl，分别测其电导率。

（5）分别取 1mL 的乙醇加入 50mL 上述各浓度的十二烷基硫酸钠溶液中，再加去离子水至 100mL，测其电导率。同样方法加入 2mL 乙醇，3mL 乙醇，分别测其电导率。

五、数据记录与处理

（1）测定各种条件下溶液的电导率并记录。

1)以 $k_0 - c$ 作图,求 CMC;

2)以 $\Lambda_m - c^{1/2}$ 作图,求 CMC。

(2)以 $k - c$ 作图,确定 NaCl 对 CMC 的影响。

(3)以 $k - c$ 作图,确定乙醇对 CMC 的影响。

六、讨论

(1)测定表面活性剂 CMC 的方法有哪些?

(2)实验中影响表面活性剂临界胶束浓度的因素有哪些?

(3)非离子表面活性剂能否用本法测定 CMC? 为什么?

(4)在用电导法测定 CMC 时,如果配制溶液的蒸馏水中含有一些钙离子,将会引起什么结果?

实验九 黏度法测定高聚物的相对分子质量

一、实验目的

(1) 测定聚丙烯酰胺的相对分子质量。

(2) 掌握用乌氏黏度计测定高聚物相对分子质量的基本原理。

二、实验原理

相对分子质量是表征化合物特性的基本参数之一。但高聚物相对分子质量大小不一，参差不齐，一般在 $10^3 \sim 10^7$ 之间，所以通常所测高聚物的相对分子质量是平均相对分子质量。测定高聚相对分子质量的方法有端基分析、凝固点降低、渗透压法、黏度法等，其中黏度法设备简单，操作方便，有相当好的实验精度，但黏度法不是测相对分子质量的绝对方法，因为此法中所用的特性黏度与相对分子质量的经验方程是要用其它方法来确定的，高聚物不同，溶剂不同，相对分子质量范围不同，就要用不同的经验方程式。

高聚物在稀溶液中的黏度，主要反映了液体在流动时存在着内摩擦。高聚物溶液的黏度 η 表示溶剂分子与溶剂分子之间、高分子与高分子之间和高分子与溶剂分子之间三者内摩擦的综合表现，其值一般比纯溶剂黏度 η_0 大得多。纯溶剂黏度 η_0 的物理意义为溶剂分子与溶剂分子间的内摩擦表现出来的黏度。相对于纯溶剂，其溶液黏度增加的分数，称为增比黏度 η_{sp}，即

$$\eta_{sp} = \frac{\eta - \eta_0}{\eta_0} = \frac{\eta}{\eta_0} - 1 = \eta_r - 1 \tag{1.9.1}$$

式中 η_r 称为相对黏度，其物理意义为溶液黏度与纯溶剂黏度的比值。η_r 也是整个溶液的行为，η_{sp} 则意味着已扣除了溶剂分子之间的内摩擦效应。对于高分子溶液，增比黏度 η_{sp} 往往随溶液的浓度 C 的增加而增加。为了便于比较，将单位浓度下所显示出的增比黏度，即 $\frac{\eta_{sp}}{C}$ 称为比浓黏度。

为了进一步消除高聚物分子之间的内摩擦效应，必须将溶液浓度无限稀释，使得每个高聚物分子彼此远离，其相互干扰可以忽略不计。这时溶液所呈现出的黏度行为最能反映高聚物分子与溶剂分子之间的内摩擦。因而这一理论上定义的极限黏度称为特性黏度，记作 $[\eta]$。

在无限稀释条件下，特性黏度 $[\eta]$ 可以使用如下表达式

$$\lim_{\to 0}\frac{\eta_{sp}}{C}=\lim_{\to 0}\frac{\eta_{r}}{C}=[\eta] \tag{1.9.2}$$

因此我们获得$[\eta]$的方法有二种：一种是以$\dfrac{\eta_{sp}}{C}$对C作图，外推到$C \to 0$的截距值；

另一种是以$\dfrac{\ln\eta_{r}}{C}$对C作图，也外推到$C \to 0$的截距值，如图 1.9.1 所示，两根线应会合于一点，这也可校核实验的可靠性。一般这两根直线的方程表达式为下列形式，即

$$\frac{\eta_{sp}}{C}=[\eta]+K'[\eta]^2C \tag{1.9.3}$$

$$\frac{\ln\eta_{r}}{C}=[\eta]+\beta[\eta]^2C \tag{1.9.4}$$

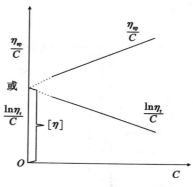

图 1.9.1　外推法求$[\eta]$

如果高聚物分子的相对分子质量愈大，则它与溶剂间的接触表面也愈大，摩擦就大，表现出的特性黏度也大。特性黏度$[\eta]$和相对分子质量之间的经验关系式为

$$[\eta]=KM\alpha \tag{1.9.5}$$

式中，M为平均相对分子质量；K为比例常数；α是与分子形状有关的经验参数。K和α值与温度、聚合物、溶剂性质有关，也和相对分子质量大小有关。K值受温度的影响较明显，而α值主要取决于高分子线团在某温度下，某溶剂中舒展的程度，其数值介于 0.5～1 之间。K与α的数值可通过其他绝对方法确定，例如渗透压法、光散射法等，从黏度法只能测定得$[\eta]$。

测定黏度的方法主要有毛细管法、转筒法和落球法。对于某一只指定的黏度计而言，有：

$$\frac{\eta}{\rho}=At-\frac{B}{t} \tag{1.9.6}$$

式中，$B<1$，当流出的时间t在 2min 左右（大于 100s），该项（亦称动能校正项）可以从略。又因通常测定是在稀溶液中进行（$C<1\times10^{-2}\,\mathrm{g \cdot cm^{-3}}$），所以溶液的密度和溶剂

的密度近似相等,因此可将 η_r 写成:

$$\eta_r = \frac{\eta}{\eta_0} = \frac{t}{t_0} \tag{1.9.7}$$

式中,t 为溶液的流出时间;t_0 为纯溶剂的流出时间。所以通过溶剂和溶液在毛细管中的流出时间,从式(1.9.7)求得 η_r,再由图 1.9.1 求得 $[\eta]$。

三、仪器和试剂

恒温槽,乌氏黏度计,移液管;聚丙烯酰胺,$NaNO_3$($3mol \cdot L^{-1}$ 和 $1mol \cdot L^{-1}$)。

四、实验步骤

本实验用的乌氏黏度计,它的最大优点是可以在黏度计里逐渐稀释从而节省许多操作手续,其构造如图 1.9.2 所示。

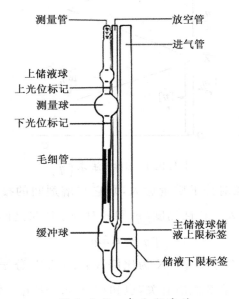

图 1.9.2　乌氏黏度计

(1)先用洗液将黏度计洗净,再用自来水、蒸馏水分别冲洗几次,每次都要注意反复流洗毛细管部分,洗好后烘干备用。

(2)调节恒温槽温度至(30.0 ± 0.1)℃,在黏度计的放空管和测量管上都套上橡皮管,然后将其垂直放入恒温槽,使水面完全浸没上储液球。

(3)溶液流出时间的测定。

用移液管吸 10mL 聚丙烯酰胺,从进气管注入黏度计,恒温 10 分钟后进行测量。以后依次加入 5mL,5mL,10mL,10mL $NaNO_3$溶液($3mol \cdot L^{-1}$),溶液稀释后的浓度分别为 2/3,1/2,1/3,1/4。

用移液管分别吸取已知浓度的聚丙烯胺溶液 10mL 和 5mL，由进气管注入黏度计中，在放空管处用洗耳球打气，使溶液混合均匀，浓度记为 C_1，恒温 10min，进行测定。测定方法如下。

将放空管用夹子夹紧使之不通气，在测量管用洗耳球将溶液从主储液球经缓冲球、毛细管、测量球抽至上储液球中部，解去夹子，让放空管通大气，此时缓冲球内的溶液即回入主储液球，使毛细管以上的液体悬空。毛细管以上的液体下落，当液面流经上光位标记时，立即按秒表开始记时间，当液面降至下光位标记时，再按停秒表，测得刻度上光位标记、下光位标记之间的液体流经毛细管所需时间。重复这一操作至少三次，它们间相差不大于 0.3s，取三次的平均值为 t_1。

然后依次由 A 管用移液管加入 5mL，5mL，10mL，15mLNaNO$_3$ 溶液（1mol·L^{-1}），将溶液稀释，使溶液浓度分别为 C_2，C_3，C_4，C_5，用同法测定每份溶液流经毛细管的时间 t_2，t_3，t_4，t_5。应注意每次加入 NaNO$_3$ 溶液后，要充分混合均匀，并抽洗黏度计的测量球和上储液球，使黏度计内溶液各处的浓度相等。

（4）溶剂流出时间的测定。

用蒸馏水洗净黏度计，尤其要反复流洗黏度计的毛细管部分。用 1mol·L^{-1} NaNO$_3$ 洗 1～2 次，然后由 A 管加入约 15mL 1mol·L^{-1}NaNO$_3$ 溶液。用同法测定溶剂流出的时间 t_0。

实验完毕后，黏度计一定要用蒸馏水洗干净。

五、数据记录与处理

（1）将所测的实验数据及计算结果填入表 1.9.1 中。

原始溶液浓度 C_0（g·cm^{-3}）_____　　恒温温度/℃ _____

表 1.9.1　数据记录

C/(g·cm^{-3})	t_1/s	t_2/s	t_3/s	$t_{平均}$/s	η_r	$\ln \eta_r$	η_{sp}	η_{sp}/C	$\ln \eta_r/C$
C_1									
C_2									
C_3									
C_4									
C_5									

（2）作 $\eta_{sp}/C - C$ 及 $\ln \eta_r/C - C$ 图，并外推到 $C \rightarrow 0$ 由截距求出 $[\eta]$。

（3）将 $[\eta]$ 代入式（1.9.5），计算聚丙烯酰胺的相对分子质量。

已知 30℃时聚丙烯酰胺在 $1mol \cdot L^{-1}$ $NaNO_3$水溶液中相关参数：

$K = 3.75 \times 10^{-2} L \cdot kg^{-1}$，$\alpha = 0.66$。

六、注意事项

(1)黏度计必须洁净,高聚物溶液中若有絮状物不能将它移入黏度计中,这是为什么？

(2)本实验溶液的稀释是直接在黏度计中进行的,因此每加入一次溶剂进行稀释时必须混合均匀,并抽洗测量球和上储液球。此外,还可以采取什么方法？

(3)实验过程中恒温槽的温度要恒定,溶液每次稀释恒温后才能测量。温度对黏度有什么影响？

(4)黏度计为什么要垂直放置？实验过程中为什么不能振动黏度计？

实验十　溶胶的制备与纯化

一、实验目的

(1)了解制备胶体的不同方法,学会制备 $Fe(OH)_3$ 胶体。

(2)学会制备半透膜,掌握纯化胶体的具体操作。

二、实验原理

(1)$Fe(OH)_3$ 胶体的制备。

溶胶的制备方法可分为分散法和凝聚法。分散法是用适当方法把较大的物质颗粒变成胶体大小的质点,如机械法、电弧法、超声波法、溶胶法等;凝聚法是先制成难溶物的分子(或离子)的过饱和溶液,再使之相互合成胶体粒子而得到溶胶,如物质蒸汽凝结法、变换分散介质法、化学反应法等。本次实验则采用凝聚法中的化学反应法来进行 $Fe(OH)_3$ 的制备,即采用化学反应使生成物呈过饱和状态,然后粒子再结合成溶胶。

$$FeCl_3 + 3\,H_2O == Fe(OH)_3(胶体) + 3HCl \uparrow$$

(2)$Fe(OH)_3$ 胶体的纯化。

胶体是一种分散质大小介于 $1\sim100nm$ 的分散系。用不同方法制成的溶胶中,往往含有很多的电解质,包括反应产物或杂质,其中只有一部分电解质,是与胶体粒子表面上吸附的离子保持平衡的,其余过量的电解质则会影响胶体的稳定性,只有将它们除去,才会获得比较稳定的溶胶。这道程序就叫胶体的纯化。

半透膜在化学中只允许溶液通过,胶体和浊液均不能通过,可以除去胶体中多余的电解质离子,达到纯化胶体的目的。本次实验采用火胶棉来自制袋状半透膜,再将制得的溶胶置于半透膜中,在 $60\sim70℃$ 温度下进行热渗析。

三、仪器和试剂

(1)电炉,烧杯,移液管,半透膜。

(2)10%$FeCl_3$ 溶液,1%KCNS 溶液。

四、实验步骤

(1)水解法制备 $Fe(OH)_3$ 溶胶。

1)量取 150mL 蒸馏水,置于 300mL 烧杯中,用电炉煮沸 2min,有大量气泡产生。

2)用刻度移液管移取 10%$FeCl_3$ 溶液 30mL,逐滴加入沸水中,液体颜色逐渐由无色变成红褐色,不断搅拌,继续煮沸 3min。

3)用激光笔检验新制的溶胶是否具有丁达尔效应,可见有红色的光路。

(2)热渗析法纯化 $Fe(OH)_3$ 溶胶。

1)把新制的溶胶置于半透膜袋内,用线栓住袋口,置于 1 000mL 烧杯中,加 500mL 蒸馏水,保持温度 60～70℃,进行热渗析。

2)取出少许蒸馏水,滴加 1%KCNS 溶液,蒸馏水由无色变成红色,说明有 Fe^{3+} 渗析到蒸馏水中。

3)蒸馏水每半小时更换一次,直到不能检验出 Fe^{3+} 为止。

五、分析与讨论

(1)制备胶体时,一定要缓慢向沸水中逐滴加入 $FeCl_3$ 溶液,并不断搅拌,否则,得到的胶体颗粒太大,稳定性差。

(2)本次实验利用水解法来制备氢氧化铁胶体,这是氢氧化铁胶体制备的常用方法。制备过程需要注意几个方面:第一,要用去离子水而不能用自来水。我们知道胶体处于一种介稳的状态,自来水中含有钙、镁等杂质离子,会影响到胶体的形成,破坏胶体的稳定性。第二,一定要在水沸腾时才逐滴加入 $FeCl_3$,因为 $FeCl_3$ 与 H_2O 反应会生成 HCl,而 $Fe(OH)_3$ 是会溶于 HCl 的,所以必须在水沸腾的条件下,使生成的 HCl 及时挥发出去。第三,往沸水中滴加饱和氯化铁溶液后,可稍微加热沸腾,但不宜长时间加热。胶体能够均一存在是因为同电荷的排斥作用,加热之后,粒子能量升高,运动加剧,排斥作用显得很弱,它们之间碰撞机会增多,而使胶核对离子的吸附作用减弱,导致胶体凝聚。

除水解法之外,还可以通过 $FeCl_3$ 与 $NaHCO_3$ 相互作用制备。利用 $FeCl_3$ 与 $NaHCO_3$ 反应制得 $Fe(OH)_3$ 沉淀:

$$2FeCl_3+3Na_2CO_3+3H_2O =\!=\!= 6NaCl+3CO_2\uparrow+2Fe(OH)_3\downarrow$$

细小氢氧化铁沉淀颗粒吸附 Fe^{3+} 而带正电荷,由于带同种电荷的微粒间的静电斥力作用使这些粒子不易再结合成较大的粒子沉淀下来,从而形成胶体。

实验十一　醋酸解离常数的测定

一、实验目的

（1）了解对消法测电动势的基本原理,学习电极及盐桥的使用方法。

（2）掌握可逆电池电动势测定的应用,学会电池的装配方法。

二、实验原理

利用各种氢离子指示电极与参比电极组成电池,即可从测得的电池电动势算出溶液的 pH 值,常用指示电极有:氢电极、醌氢醌电极和玻璃电极。今讨论醌氢醌（Q·H₂Q）电极。Q·H₂Q 为醌（Q）与氢醌（H₂Q）的等分子化合物,在水溶液中部分分解:

醌氢醌在水中溶解度很小。将待测 pH 溶液用 Q·H₂Q 饱和后,再插入一只光亮 Pt 电极就构成了 Q·H₂Q 电极,可用它构成如下电池:

Hg(l)|Hg₂Cl₂(s)|饱和 KCl 溶液 ‖ 由 Q·H₂Q 饱和的待测 pH 溶液（H⁺）|Pt(s)

Q·H₂Q 电极反应为　$Q+2H^++2e^- \rightarrow H_2Q$

因为在稀溶液中 $a_{H^+}=c_{H^+}$,所以:$\varphi_{Q\cdot H_2Q}=\varphi^{\ominus}_{Q\cdot H_2Q}-\dfrac{2.303RT}{F}pH$

可见,Q·H₂Q 电极的作用相当于一个氢电极,电池的电动势为

$$E=\varphi_+-\varphi_-=\varphi^{\ominus}_{Q\cdot H_2Q}-\frac{2.303RT}{F}pH-\varphi_{饱和甘汞}$$

$$pH=\left(\varphi^{\ominus}_{Q\cdot H_2Q}-E-\varphi_{饱和甘汞}\right)\times\frac{F}{2.303RT} \tag{1.11.1}$$

其中　　　　　　$\varphi^{\ominus}_{Q\cdot H_2Q}=0.699\,4-7.4\times10^{-4}(t-25)$

$$\varphi_{饱和甘汞}=0.241\,2-6.61\times10^{-4}(t-25)-1.75\times10^{-6}(t-25)^2$$

在 HAc 和 NaAc 组成的缓冲溶液中,由于同离子效应,当达到解离平衡时,$c_{HAc}\approx c_{0,HAc}$,$c_{Ac^-}\approx c_{0,NaAc}$。根据酸性缓冲溶液 pH 的计算公式为

$$pH=pK^{\ominus}_a(HAc)-\lg\frac{c_{HAc}}{c_{Ac^-}}=pK^{\ominus}_a(HAc)-\lg\frac{c_{0,HAc}}{c_{0,NaAc}}$$

对于由相同浓度 HAc 和 NaAc 组成的缓冲溶液,则有 pH＝pK_a°(HAc)

本实验中,量取两份相同体积、相同浓度的 HAc 溶液,在其中一份中滴加 NaOH 溶液至恰好中和(以酚酞为指示剂),然后加入另一份 HAc 溶液,即得到等浓度的 HAc - NaAc 缓冲溶液,测其 pH 即可得到 pK_a°(HAc)及 K_a°(HAc)。

三、实验仪器与试剂

(1)SDC 数字电位差计 1 套;Pt 电极 1 支;饱和甘汞电极 1 支;烧杯;移液管。

(2)盐桥;KCl 饱和溶液;醌氢醌(固体);未知浓度醋酸溶液;氢氧化钠溶液 0.1mol·L^{-1};酚酞。

四、实验步骤

(1)用内标法校正电位差计的零点。

(2)配制新鲜的 0.1mol/L^3 NaOH 溶液和 0.1mol/L^3 醋酸水溶液。

(3)制备五种等浓度的 HAc 和 NaAc 混合溶液,测定 pH:用移液管从醋酸样品中依次分别取 1.00mL,2.00mL,5.00mL,10.00mL,25.00 mL HAc 溶液于 1～5 号烧杯中,各加入 25mL 蒸馏水和 1 滴酚酞溶液后,分别用滴管滴加 0.10mol·L^{-1} NaOH 溶液至酚酞变色,半分钟内不褪色为止,再依次用移液管取 1.00mL,2.00mL,5.00mL,10.00mL,25.00 mL HAc 样品溶液分别加入到 1～5 号烧杯中,混合均匀,得到 5 种等浓度的 HAc 和 NaAc 混合溶液。再分别于其中加入少量醌氢醌粉末,摇动使之溶解,但仍保持溶液中含少量固体,然后插入铂电极,架上盐桥与甘汞电极组成电池,测定以下电池的电动势:

Hg(l)｜Hg$_2$Cl$_2$(s)｜饱和 KCl 溶液 ‖ 由 Q·H$_2$Q 饱和的待测 pH 溶液｜Pt(s)

五、数据记录及处理

将上述所测得 5 个数据整理计算的填入表 1.11.1 中,由于实验误差可能不完全相同,可用下列方法处理,求 pK_a°(HAc)$_{平均}$和标准偏差 s:

$$pK_a^\circ(HAc)_{平均}=\frac{\sum_{i=1}^{n}pK_{ai}^\circ(HAc)_{实验}}{n}$$

误差:
$$\Delta i=pK_a^\circ(HAc)_{平均}-pK_{ai}^\circ(HAc)_{实验}$$

标准偏差:
$$s=\sqrt{\frac{\sum_{i=1}^{n}\Delta i^2}{n-1}}$$

表 1.11.1　数据记录

序号	1	2	3	4	5
E					
pH					
Δi					
s					
$pK_a^{\ominus}$ (HAc)$_{平均}$					

六、讨论

(1)盐桥的作用是什么？如何制备盐桥？

(2)使用醌氢醌电极的限制条件是什么？

(3)为何测定电动势要用对消法？对消法的原理是什么？

实验十二　膏霜类化妆品的制备

一、实验目的

(1)熟悉膏霜类化妆品配方的设计原则,并自行设计一个膏霜化妆品的配方。

(2)掌握膏霜类化妆品的基本生产方法。

二、实验原理

膏霜类化妆品属于乳化体系,乳化体系的基本类型有水包油型(O/W)和油包水型(W/O)两种,此外还有复合型乳化体,如 O/W/O 和 W/O/W。要制得均匀稳定的乳化体系,必须加入适量的乳化剂。

乳化剂的选择主要根据亲水亲油平衡值(HLB 值)来确定:

$$HLB = 亲水基的亲水性 / 亲油基的亲油性$$

HLB 值越高,亲水性越强;HLB 值越低,亲油性越强。现在乳化剂的 HLB 值均以石蜡(HLB=0),油酸(HLB=1),油酸钾(HLB=20),十二醇硫酸钠(HLB=40)为相对标准,通过乳化实验获得。

化妆品中的油相成分包括油、脂和蜡等。要使这些油相成分与水形成稳定的乳化体系,对选用的乳化剂的 HLB 值有特定的要求,所要求的 HLB 值就是油相乳化所需的 HLB 值。当选用的乳化剂的 HLB 值与油相组分乳化所需要的 HLB 值相吻合时,制得的膏霜乳化体系比较稳定。油相乳化所需的 HLB 值应该由实验得到,但也可以通过计算求得。

计算混合油相乳化所需的 HLB 值遵循加和原理。例如:制作 W/O 型冷霜,其中配方中的油相组成见表 1.12.1,预制成 W/O 型膏霜。

表 1.12.1　W/D 型冷霜油相成分

组分	质量分数	HLB
蜂蜡	5%	5
白油	26%	4
羊毛脂	18%	8

油相乳化所需的 HLB 为 $\dfrac{5\times0.05+4\times0.26+8\times0.18}{0.05+0.26+0.18}=5.6$

膏霜类化妆品的配方设计步骤如下：

1. 选定乳化体的类型

若制备的是 O/W 型的乳化体，油相乳化所需的 HLB 值和乳化剂提供的 HLB 值应在 8~18 之间；若制备的是 W/O 型的乳化体，油相乳化所需的 HLB 值和乳化剂提供的 HLB 值应在 3~6。

2. 选定油相组分

根据产品所需的功能以及原料的性质选定油相组分。查出其各自所需的 HLB 值，并按其各自重量百分数计算出油相乳化所需的 HLB 值。

3. 选定乳化剂

乳化剂的选定原则如下：

(1)根据油相乳化所需的 HLB 值，选定乳化剂。通常，为获得良好的乳化效果，常使用两种或两种以上的乳化剂复配成混合乳化剂。值得注意的是，乳化体温度的升高和乳化剂浓度的增大，会使乳化剂实际的 HLB 值有所降低，选用乳化剂的 HLB 值应略高与油相乳化所需的 HLB 值。

(2)确定乳化剂用量。乳化剂在膏霜类化妆品中的用量可按以下经验公式计算，即

$$\frac{\text{乳化剂重量}}{\text{油相重量} + \text{乳化剂重量}} = 10\% \sim 20\%$$

用量太少，乳化体不稳定，用量太多，成本太高。

(3)乳化剂的亲油基和被乳化物一定要有很好的亲和力，即选用亲油基与被乳化物的结构相似、易于溶解的乳化剂。

4. 选定水相组分

根据需要，选定水、保湿剂、香精、防腐剂等水相组分。

三、实验仪器与试剂

(1)恒温水浴装置、乳化器、100mL 烧杯、250mL 烧杯。

(2)硬脂酸、棕榈酸异丙酯、白油、单甘酯、Tween - 80、Span - 80、香精、水。

四、实验步骤

1. 配方设计

设计一个膏霜类化妆品配方，按 20g 产品计算各原料的用量，填入表 1.12.2。

表 1.12.2 数据记录

组分		质量分数	加入量	HLB	
				乳化剂 HLB	乳化所需 HLB
油相					
乳化剂					
水相					

2.化妆品的制备

(1) 油相的调制。

将配方中的油性物质加入 100mL 烧杯中,置于恒温水浴中,在不断搅拌的条件下加热至 80℃,使其充分溶化并混合均匀。

(2)水相的调制。

将配方中的水溶性组分加入到盛有蒸馏水的 100mL 烧杯中,在搅拌的条件下加热至 80~90℃,使其充分溶解。为补充加热和乳化时挥发掉的水分,可按配方多加3%~5%的水。

3.乳化

将上述水相原料加入到油相原料中,在温度为 80℃,乳化器转速为 10 000r/min 的条件下乳化 2min。

4.冷却

用玻棒缓慢、均匀地搅拌乳化后的乳液,使其冷却,同时赶走乳化时带入的气泡。当乳液冷却至 40℃左右时,停止搅拌,让乳液自然冷却成膏体。

五、实验结果记录

观察所制备的膏体的色泽、香味及膏体的是否细腻,并检测 pH 值。

实验十三 洗发水的制备及性能测试

一、实验目的

(1)掌握洗发水的配方设计原则。

(2)掌握黏度及泡沫性能的测试方法。

二、实验原理

洗发水的作用是洗净头发上的污垢,头屑,以达到清洁的目的,同时还使得头发洗后柔顺,有光泽。其基本的配方组成是如下:

(1)去污成分,常用的阴离子表面活性剂有 AES - Na,K12 铵盐、AES 铵盐,非离子表面活性剂 6501,APG,两性表面活性 BS - 12,CAB,咪唑啉等;

(2)柔软护发成分:目前常用的是硅油及乳化油;

(3)抗静电柔软成分:常用的有瓜尔胶,聚季胺盐等阳离子聚合物;

另外还必须加入金属离子螯合剂、防腐剂、香精、柠檬酸、珠光剂、止痒去屑剂等成分。

本实验洗发水配方见表 1.13.1。

表 1.13.1 洗发水配方

编号	原料名称	质量分数/(%)	编号	原料名称	质量分数/(%)
1	70%K12	13	8	珠光片	1
2	70%AES 铵盐	7	9	柠檬酸	0.07
3	6501	2.5	10	EDTA	0.2
4	CAB	2.5	11	卡松	0.1
5	阳离子瓜胶	0.2	12	香精	0.5
6	TC - 90	0.2	13	OF420	0.8
7	EC882 乳化硅油	4.0	14	去离子水	～100

洗发水的质量检测标准:

(1)黏度:6 000～10 000 mPa·s。

(2)泡沫性能:40℃时,优级品≥140mm,一级品≥120mm,合格品≥100mm,5min后泡沫高度变化越小越好。

（3）洗涤实验：易清洗，洗后头发易梳理，不产生静电；对皮肤眼睛的刺激性小。

三、实验仪器与试剂

（1）旋转式黏度计；罗氏泡沫测定仪；超级恒温水浴。

（2）试剂见配方表（见表1.13.1）。

四、实验步骤

（1）将阳离子瓜尔胶边搅拌边在6501中分散，加入TC-90，然后加入CAB搅拌均匀备用。

（2）将约配方量一半的去离子水加入开料锅，依次将步骤（1）中的原料和柠檬酸、EDTA、珠光片加入搅拌均匀，加热升温。

（3）边搅拌边加入70%K12铵盐、70%AES铵盐和剩余去离子水，升温至70~75℃，待所有原料都完全溶解后停止加热并开启冷却水冷却降温。

（4）温度降至45℃后将依次将OF420、EC8820乳化硅油、卡松和香精加入搅拌均匀。

（5）静置消泡即可。

（6）性能测试。

1）泡沫性能测试。

使用罗氏泡沫仪按照国标的要求进行测定。

2）使用旋转式黏度计测定黏度。

3）洗涤试用实验。

五、实验结果记录

观察所制备的洗发水的色泽，记录泡沫与黏度数据，并评价洗涤效果。

实验十四　烫发剂的制备及效果评价

一、实验目的

(1)掌握烫发剂的配方设计原则。

(2)掌握烫发效果的评价方法(卷发效率试验、卷发保持率试验)。

(3)了解巯基乙酸,pH 值,温度和时间对卷发效果的影响。

二、实验原理

烫发剂是使头发卷曲、美化发型的一类化妆品。头发主要由角蛋白组成,其中含有胱氨酸等十几种氨基酸,它们以多肽方式连接形成链,多肽间起联结作用的有二硫键、离子键和氢键等,各个多肽链与相连的支链互相交联,使头发具有弹性。因此无论使头发弯曲还是将其拉伸,只要施加的力不超过其自身的弹性界限,当外力去除后,它会马上恢复原形原状,所以正常情况下,头发不易发生弯曲。

头发在水中可被软化、拉伸和弯曲,但是可通过热敷使其恢复原状,所以烫发用水,只能起到暂时的卷发效果。强酸和强碱可以切断头发中的离子键,使头发容易弯曲,但是当中和或者用水冲洗是其恢复原来的 pH 值后,头发即可恢复原状,因此单用碱液烫发需要较高的温度和较长的时间。

胱氨酸中的二硫键,比较稳定,常温下不受水和碱的影响,因此是形成永久烫发的关键。还原剂如亚硫酸钠可以和头发中的二硫键作用,破坏二硫键,使头发变得柔软易于弯曲,其反应式如下:

$$R-S-S-R'+Na_2SO_3 \longrightarrow R-S-SO_3Na+R'-SNa$$

用巯基化合物可在低温下反应,其反应式如下:

$$R-S-S-R'+2R'-SH \longrightarrow R-SH+R'-SH+R''-S-S-R''$$

此反应在碱性条件下可加快反应速度,因此是较为理想的打断二硫键的方法。目前的烫发剂主要用此类化合物作为烫发的成分。

综上所述,水可使氢键断裂,碱可使离子键断裂,而巯基化合物(或亚硫酸钠)可使二硫键断裂,所以这三种成分是烫发剂不可缺少的。

在这三种组分的作用下,头发中的氢键、离子键和二硫键都断裂,头发变得柔软易于弯曲成型,但是当弯曲后,这些键如果不能修复,发型还是难以固定,因此在卷曲之后,还必须修复被破坏的键,使卷曲的发型定下来,形成永久烫发。

在化学键的恢复中,干燥使氢键恢复,调整 pH 值到 4～7 使离子键恢复,而二硫键的恢复是通过氧化反应来完成的,过氧化氢,溴酸钾或其他氧化剂可以使反应速度加快。

市场上的烫发剂一般由两剂组成。

第 1 剂是碱性的卷发剂,通过还原反应破坏头发中的二硫键;常用的还原剂为巯基乙酸、巯基乙酸盐、亚硫酸盐、巯基乙酸单甘油酯、单巯基甘油和半胱氨酸。常用的碱化剂为氢氧化铵、三乙醇胺、单乙醇胺。

第 2 剂是酸性的中和剂,通过氧化反应重建二硫键。常用的氧化剂为过氧化氢、溴酸钠、溴酸钾和过硼酸钠。一般以柠檬酸、磷酸作为 pH 调节剂。为了使氧化剂保持稳定,保持较长的保质期,需要添加一定量的稳定剂,如六偏磷酸钠、锡酸钠。

现在越来越多的产品采用 3 剂型,第 3 剂为护理剂,它和发型的塑造基本无关。其主要作用是保证烫后头发的光泽和柔顺,对其进行特殊的护理。

烫发剂中作为杂质存在的金属离子对产品的质量有很大影响,例如铁的存在会引起产品变色,使烫发能力降低,极大地缩短保质期。因此应该严格控制金属离子的混入。此外在配方中还应加入螯合剂,如 EDTA 钠盐、焦磷酸四钠盐等,以防止重金属离子对还原剂的氧化催化作用。

三、实验药品和仪器

(1)巯基乙酸铵、氨水、碳酸氢铵,TX－10,甘油,EDTA,H_2O_2。

(2)卷发测量器、干燥器、尺。

四、实验步骤

1. 烫发剂配料比(见表 1.14.1)

表 1.14.1　烫发利配料比

组分	质量	组分	质量
巯基乙酸	5.5g	氨水(28%)	2.0g
碳酸氢铵	6.5g	尿素	1.0g
聚氧乙烯(30)油醇醚	0.5g	EDTA	0.1
蒸馏水	～100g		

配制过程如下。

(1)按上述配方比例将氨水搅拌下逐渐加入到巯基乙酸溶液中,并不断用精密 pH 试纸(pH 8.0～10.0)测定溶液的 pH 值。当 pH 达到 9.3 时,即应停止加入氨水。

(2)于搅拌条件下加碳酸氢铵、尿素、聚氧乙烯(30)油醇醚到巯基乙酸溶液中,加完后继续搅拌10分钟,并用蒸馏水加至规定重量,使成品中有效成分硫代乙酸铵溶液达到9.3～9.5％为止。让其充分混合溶解后装瓶,置于阴凉、避光处保存。因为空气能使巯基乙酸氧化,阳光能促使硫代乙醇酸铵降解而失效。

2.定型剂的配料比(见表1.14.2)

表1.14.2 定型剂的配料比

组分	质量
溴酸钠	56g
磷酸二氢钠	42.8g
碳酸钠	1.2g

操作过程如下:

(1)配方中的固体物分别用适量的水溶液溶解完全,然后将所有原料按配方顺序混合在一起,搅拌均匀即可。此配方稀释成2％～3％使用。

(2)定型液有效成分均为过氧化物,其稳定性均较差,所以最好能在配好之后近期内使用。如要保持较长时间,应将配好的固定液装入暗色的容器内密封放于阴凉处保存,同时应尽量避免激烈振荡,以防止发生分解而爆裂容器。

3.烫发剂烫发效果的评价

国际上没有通行的标准方法,应用比较广泛的是KIRBY法和螺旋棒法。螺旋棒法在测试时,将原发螺旋缠绕在圆棒上,圆棒和实际烫发时所用的卷发杠相似。这种方法得到的数据比较接近实际。

(1)卷发效率实验方法。

取未经烫发或染发处理健康人原发,长度为20cm,在0.5％十二烷基硫酸钠溶液中浸泡10min,温度为40～50℃,用水冲洗干净,自然风干。然后放置在装有饱和氯酸钠溶液的干燥器中,在温度20℃、湿度75％条件下保管,作为实验材料。

选取20根这样的头发,方向一致地理成一束,将毛根部用黏合剂黏起来,头发统一排卷在卷发筒的中部。然后用橡皮筋等固定。用滴管滴加烫发剂,使头发被充分浸透。按规定的条件在40℃烘箱中放置一定的时间,取出后放冷,用水冲洗并擦去滴水。上定型剂后放入40℃烘箱保温5min取出,冷后从筒上卸下,自然平放测量长度并和原长度比较,计算出卷曲率:

$$卷曲率 = \frac{原发长度 - 卷曲发长度}{原发长度} \times 100\%$$

（2）卷发保持率检验。

将测定卷发效果后所得的实验用头发置于室内，使上面残留的液体自然风干，1周以后，放在60℃的温水中浸泡20min，然后取出放置在玻璃板上。通过与处理前的卷曲率比较按照下式计算可以得到卷发保持率：

$$卷发保持率 = \frac{处理后的卷曲率}{处理前的卷曲率} \times 100\%$$

五、实验结果记录

记录卷发保持率和卷曲率，并与市售产品进行比较。

第二部分　实验报告

实验一　燃烧焓的测定

一、实验目的

二、实验原理

三、实验仪器和试剂

四、实验步骤

五、数据记录和处理

1.燃烧热测量数据记录。(见表 2.1.1 和表 2.1.2)

表 2.1.1　数据记录

室温_____　样品名称_____　样品质量 m _____

镍丝质量 $m_{Ni,1}$ _____　$m_{Ni,2}$ _____　燃烧掉的 $m_{Ni} = m_{Ni,1} - m_{Ni,2}$ _____

时间/min	温差/℃	时间/min	温差/℃	时间/min	温差/℃

表 2.1.2　数据记录

室温_____　样品名称_____　样品质量 m _____

镍丝质量 $m_{Ni,1}$ _____　$m_{Ni,2}$ _____　燃烧掉的 $m_{Ni} = m_{Ni,1} - m_{Ni,2}$ _____

时间/min	温差/℃	时间/min	温差/℃	时间/min	温差/℃

2. 作苯甲酸的温差-时间曲线,求 C。

3. 作萘的温差-时间曲线,计算萘的燃烧热。

六、结果与讨论

实验二　溶液偏摩尔体积的测定

一、实验目的

二、实验原理

三、实验仪器和试剂

四、实验步骤

五、数据记录和处理

将实验记录以及处理结果填入表 2.2.1 中。

表 2.2.1 数据记录

W/(%)	乙醇/g	水/g	m_1/g	m_2/g	m/g $= m_2 - m_1$	$\alpha = 10/m$
0						
20						
40						
60						
80						
100						

以 $W\%$ 为横坐标，α 为纵坐标作图，在 $W = 50\%$ 处作切线，截距为 α_1 和 α_2，再由公式求出 $V_{1,m}$ 和 $V_{2,m}$。

六、结果与讨论

实验三　凝固点降低法测定相对分子质量

一、实验目的

二、实验原理

三、实验仪器和试剂

四、实验步骤

五、数据记录和处理

1.将实验数据填入表2.3.1,并计算萘的相对分子质量。

环己烷的凝固点降低常数值:$K_f = 20.0 K \cdot kg \cdot mol^{-1}$

环己烷的密度计算公式:$\rho_t / (g \cdot mL) = 0.797\ 1 - 0.887\ 9 \times 10^{-3} \times t / ^\circ C$

表2.3.1 数据记录

室温 t _____ 萘的质量 m_B _____ 环己烷的体积 V_A _____

环己烷的凝固点 $t_f / ^\circ C$				溶液的凝固点 $t_f / ^\circ C$				$\Delta T_f / K$
1	2	3	平均值	1	2	3	平均值	

2.计算萘的相对分子质量。

六、结果与讨论

实验四　双液系气-液平衡相图的测绘

一、实验目的

二、实验原理

三、实验仪器和试剂

四、实验步骤

五、数据记录和处理

1.工作曲线的测定(见表 2.4.1)。

表 2.4.1　乙酸乙酯-乙醇标准溶液

乙醇质量分数/(%)		0	20	40	60	80	100
折射率 n_D	1						
	2						
	3						
	平均						

2.记录待测溶液的沸点及气、液的折射率,根据工作曲线查出相应的气、液组成,列于表 2.4.2 中。

表 2.4.2　乙酸乙酯-乙醇溶液

乙酸乙酯-乙醇 (mL－mL)	沸点 ──── ℃	气相组成				液相组成			
		折射率 n_D			乙醇质量分数/(%)	折射率 n_D			乙醇质量分数/(%)
		1	2	3	平均	1	2	3	平均
0	30								
3									
6									
10									
15									
30	0								
	2								
	4								
	6								
	8								

3.绘制乙酸乙酯-乙醇的 $t-x$ 图,找出最低共沸点及共沸混合物的组成。

六、结果与讨论

实验五　蔗糖水解反应速率常数的测定

一、实验目的

二、实验原理

三、实验仪器和试剂

四、实验步骤

五、数据记录和处理

将所得数据记录在表 2.5.1 中。

表 2.5.1　数据记录

室温 _____　　α_∞ _____

序号	t/min	α_t	$(\alpha_t - \alpha_\infty)$	$\ln(\alpha_t - \alpha_\infty)$
1				
2				
3				
4				
5				
6				
7				
8				
9				
10				
11				
12				
13				
14				
15				
16				
17				
18				
19				
20				

以 $\ln(\alpha_t - \alpha_\infty)$ 对 t 作图,由直线斜率计算速率常数 k 及其半衰期 $t_{\frac{1}{2}}$。

六、结果与讨论

实验六 乙酸乙酯皂化反应

一、实验目的

二、实验原理

三、实验仪器和试剂

四、实验步骤

五、数据记录和处理

1.恒温槽温度:30℃,a(NaOH 溶液)＝0.01mol/L 时所测数据记录于表 2.6.1。

表 2.6.1　数据记录

k_0 _____　　　k_0(平均值) _____

t/min	6	9	12	15	20	25	30	35	40
$k_t/(\text{S}\cdot\text{m}^{-1})$									
$\dfrac{k_o-k_t}{t}$									

以 k_t 对 $\dfrac{k_o-k_t}{t}$ 作图,由所得直线斜率求出此温度时乙酸乙酯皂化反应的速率常数 k_1。

2.恒温槽温度:35℃,a(NaOH 溶液)＝0.01mol/L 时所测数据记录于表 2.6.2。

表 2.6.2　数据记录

k_0 _____　　　k_0(平均值) _____

t/min	4	6	8	10	12	15	18	21	24	27	30
$k_t/(\text{S}\cdot\text{m}^{-1})$											
$\dfrac{k_o-k_t}{t}$											

以 k_t 对 $\dfrac{k_o-k_t}{t}$ 作图,由所得直线斜率求出此温度时乙酸乙酯皂化反应的速率常数 k_2。

3.把 k_1 和 k_2 代入阿伦尼乌斯方程求活化能。

六、结果与讨论

实验七　用最大气泡法测定液体的表面张力

一、实验目的

二、实验原理

三、实验仪器和试剂

四、实验步骤

五、数据记录和处理

1.将实验数据填入表 2.7.1。

室温 _____   水的表面张力 _____

表 2.7.1 数据记录

		纯水	乙醇体积/mL								
			10	15	20	25	30	35	40	45	50
			乙醇水溶液 $c/(10^3 mol \cdot m^{-3})$								
			1.72	2.58	3.44	4.3	5.16	6.02	6.88	7.74	8.6
$\Delta p_m/kPa$	1										
	2										
	3										
	平均										
$\sigma/(N \cdot m^{-1})$											

2.将查得水的表面张力代入式(1.6.6),求得 K,计算各不同浓度乙醇水溶液的表面张力 σ,填入表 2.7.1。

3.作 $\sigma \sim c$ 光滑曲线(横坐标浓度从零开始)。

4.在 $\sigma \sim c$ 曲线上任选(浓度 5%～30% 为宜)8 个点作切线求出 Z 和 Γ。(见表 2.7.2)

表 2.7.2 数据记录

c								
Γ								
$\dfrac{c}{\Gamma}$								

5.作出 $\dfrac{c}{\Gamma} \sim c$ 图,由直线斜率求出 Γ_∞,进而计算乙醇的横截面积 $A_s = \dfrac{1}{\Gamma_\infty L}$。

六、结果与讨论

实验八　表面活性剂临界胶束浓度 CMC 的测定

一、实验目的

二、实验原理

三、实验仪器和试剂

四、实验步骤

五、数据记录和处理

1.将所测数据记录在表2.8.1中。

实验温度:_____

表2.8.1 数据记录

$c/(mol \cdot L^{-1})$	$c^{1/2}$	k_0	Λ_m	k					
				NaCl 体积/mL			乙醇 体积/mL		
0.002				3	6	9	1	2	3
0.004									
0.006									
0.008									
0.010									
0.012									
0.014									
0.016									
0.020									

(1)以 $k_0 \sim c$ 作图,求 CMC;

(2)以 $\Lambda_m \sim c^{1/2}$ 作图,求 CMC。

2.以 $k \sim c$ 作图,确定 NaCl 对 CMC 的影响。

3.以 $k \sim c$ 作图,确定乙醇对 CMC 的影响。

六、结果与讨论

实验九　黏度法测定高聚物的相对分子质量

一、实验目的

二、实验原理

三、实验仪器和试剂

四实验步骤

五、数据记录和处理

1.将所测的实验数据及计算结果填入表2.9.1中。

表 2.9.1　数据记录

原始溶液浓度 $C_0/(\text{g}\cdot\text{cm}^{-3})$ _____　　　　恒温温度/℃ _____

$C/(\text{g}\cdot\text{cm}^{-3})$	t_1/s	t_2/s	t_3/s	$t_{平均}/s$	η_r	$\ln\eta_r$	η_{sp}	η_{sp}/C	$\ln\eta_r/C$
C_1									
C_2									
C_3									
C_4									
C_5									

2.作 $\eta_{sp}/C-C$ 及 $\ln\eta_r/C-C$ 图,并外推到 $C\to 0$ 由截距求出 $[\eta]$。

3.将 $[\eta]$ 代入式(1.9.5),计算聚丙烯酰胺的相对分子量。

已知 30℃时聚丙烯酰胺在 $1\text{mol}\cdot\text{L}^{-1}\text{NaNO}_3$ 水溶液中相关参数:

$K=3.75\times10^{-2}\,\text{L}\cdot\text{kg}^{-1}, \alpha=0.66$。

六、结果与讨论

实验十　溶胶的制备与纯化

一、实验目的

二、实验原理

三、实验仪器和试剂

四、实验步骤

五、结果与讨论

实验十一　醋酸解离常数的测定

一、实验目的

二、实验原理

三、实验仪器和试剂

四、实验步骤

五、数据记录和处理

将所测数据记录在表 2.11.1 中。

实验温度：_____℃

表 2.11.1　数据记录

序号	1	2	3	4	5
E					
pH					
Δi					
s					
$pK_a^\ominus$（HAc）平均					

六、结果与讨论

实验十二　膏霜类化妆品的制备

一、实验目的

二、实验原理

三、实验仪器和试剂

四、实验步骤

五、实验结果记录

观察制备得到的产品,填写表 2.12.1。

表 2.12.1　数据记录

项目	实验结果
色泽	
香	
膏体	
pH	

实验十三　洗发水的制备及性能测试

一、实验目的

二、实验原理

三、实验仪器与试剂

四、实验步骤

五、实验结果记录

观察制备得到的产品,填写表 2.13.1。

表 2.13.1　数据记录

项　目	实验结果
色泽	
香	
膏体	
泡沫	
黏度	
洗涤效果	

实验十四　烫发剂的制备及效果评价

一、实验目的

二、实验原理

三、实验仪器与试剂

四、实验步骤

五、实验结果记录

观察制备得到的产品，填写表 2.14.1。

表 2.14.1　数据记录

项　　目	实验结果
卷发保持率	
卷曲率	
试用效果	